创新
家装设计与施工详解

《创新家装设计与施工详解》编写组 编

背景墙

—电视墙 沙发墙 餐厅墙 卧室墙—

“创新家装设计与施工详解”包含大量优秀设计案例，包括《背景墙》《客厅》《餐厅、玄关走廊》《卧室、书房、卫浴》《顶棚》五个分册。本书针对有代表性的背景墙案例进行细节造型等施工详解及材料的标注，使读者了解工艺流程，了解工艺环节及施工中的注意事项，将可能遇到的问题提前解决。通过参考大量的施工工艺，体验不同的家装设计，使读者更深入地了解众多材料搭配，设计出符合自己喜好的家居空间。

图书在版编目（CIP）数据

创新家装设计与施工详解．背景墙/《创新家装设计与施工详解》编写组编．— 北京 ：机械工业出版社，2014.4

ISBN 978-7-111-46167-8

Ⅰ．①创… Ⅱ．①创… Ⅲ．①住宅－装饰墙－室内装修 Ⅳ．①TU767

中国版本图书馆CIP数据核字（2014）第053148号

机械工业出版社（北京市百万庄大街22号 邮政编码 100037）

策划编辑：宋晓磊　　责任编辑：宋晓磊

责任印制：乔 宇

北京汇林印务有限公司印刷

2014年4月第1版第1次印刷

210mm×285mm · 6印张 · 203千字

标准书号：ISBN 978-7-111-46167-8

定价：29.80元

凡购本书，如有缺页、倒页、脱页，由本社发行部调换

电话服务　　网络服务

社服务中心：（010）88361066　　教 材 网：http://www.cmpedu.com

销 售 一 部：（010）68326294　　机工官网：http://www.cmpbook.com

销 售 二 部：（010）88379649　　机工官博：http://weibo.com/cmp1952

读者购书热线：（010）88379203　　**封面无防伪标均为盗版**

施工图示速查

施工图示速查

P57

P57

P61

P61

P67

P67

P71

P71

29
P75

P75

P77

P77

P81

P81

P85

P85

P89

P89

P92

P92

电视墙

❶ 有色乳胶漆
❷ 印花壁纸
❸ 爵士白大理石
❹ 装饰银镜
❺ 米色洞石
❻ 米色亚光玻化砖

❶ 印花壁纸
❷ 石膏板
❸ 羊毛地毯
❹ 艺术墙贴
❺ 仿古墙砖
❻ 黑色烤漆玻璃
❼ 强化复合木地板

01

电视背景墙按照设计图纸用黑色烤漆玻璃打底，然后用干挂的方式固定住米色大理石，完成这一步后用专业的密封胶填缝，墙面剩余的部分用木工板打底，保持住整体墙面的稳固性，大理石也可以用壁纸代替，装修更为便利。

❶ 黑色烤漆玻璃
❷ 米色大理石
❸ 压白钢条
❹ 印花壁纸
❺ 木质装饰线
❻ 木质踢脚线

02

电视背景墙面用水泥砂浆找平，按照设计图纸选择整体墙面的一部分作为电视背景墙，安装木质装饰线，用干挂的方式将印花壁纸固定在装饰线内，然后用专业的勾缝剂填缝，与墙面下的木质踢脚线对接。

❶ 木质装饰线
❷ 印花壁纸
❸ 有色乳胶漆
❹ 白色乳胶漆
❺ 强化复合木地板
❻ 黑色烤漆玻璃

❶ 手绘墙饰
❷ 白色玻化砖
❸ 冰裂纹玻璃
❹ 有色乳胶漆
❺ 米黄色洞石
❻ 雕花银镜
❼ 印花壁纸

❶ 浅咖啡色网纹大理石
❷ 白色玻化砖
❸ 木质花格
❹ 雕花黑色烤漆玻璃
❺ 印花壁纸
❻ 木质踢脚线

03

电视背景墙面用木工板做出凹凸造型，贴上装饰面板后满刮腻子，按照图纸做出凹凸的造型，贴壁纸前也要先把墙面打磨光滑，并刷一层基膜。印花壁纸上的玻璃框需要用粘贴支托固定的方式施工。

❶ 印花壁纸
❷ 实木地板
❸ 石膏板
❹ 米色玻化砖
❺ 白枫木饰面板
❻ 格子壁纸

背景墙面用水泥砂浆找平，按设计图纸将布局确定，壁纸的基层满刮腻子，打磨光滑后刷一层基膜，贴上条纹壁纸做打底，中间部分用木工板做出立体造型，用专业的耐候密封胶固定住白枫木饰面板。

1 爵士白大理石
2 装饰灰镜
3 白枫木饰面板
4 印花壁纸
5 装饰银镜
6 雕花烤漆玻璃
7 羊毛地毯

❶ 印花壁纸
❷ 仿古砖
❸ 爵士白大理石
❹ 陶瓷锦砖
❺ 白枫木饰面板拓缝
❻ 条纹壁纸

❶ 镜面陶瓷锦砖
❷ 水曲柳饰面板
❸ 有色乳胶漆
❹ 石膏板拓缝
❺ 印花壁纸
❻ 密度板拓缝

❶ 石膏装饰线
❷ 雕花银镜
❸ 有色乳胶漆
❹ 石膏板拓缝
❺ 木质花格贴灰镜
❻ 强化复合木地板

❶ 艺术墙贴
❷ 有色乳胶漆
❸ 米色亚光玻化砖
❹ 木质踢脚线
❺ 木质窗棂造型
❻ 石膏板拓缝

05

按照设计图纸在电视背景墙面上弹线放样，墙面上安装钢结构将黑色烤漆玻璃固定住，用环氧树脂胶将玻璃墙面固定在支架上，剩余中间墙面满刮腻子，用砂纸打磨光滑，刷一层基膜后粘贴印花壁纸。

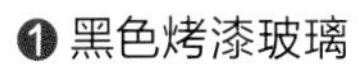

❶ 黑色烤漆玻璃
❷ 印花壁纸
❸ 艺术墙贴
❹ 紫色烤漆玻璃
❺ 有色乳胶漆
❻ 米色亚光玻化砖

电视背景墙面用水泥砂浆找平，在墙面上弹线，做出分割块状，然后再满刮腻子，用砂纸打磨光滑，刷一层基膜后刷有色乳胶漆，四周用木工板做出凹凸造型。

❶ 有色乳胶漆
❷ 艺术墙贴
❸ 强化复合木地板
❹ 茶色镜面玻璃
❺ 印花壁纸
❻ 艺术地毯

❶ 装饰银镜
❷ 实木地板
❸ 白色乳胶漆
❹ 黑色烤漆玻璃
❺ 条纹壁纸
❻ 彩绘玻璃

❶ 手绘墙饰
❷ 木质窗棂造型
❸ 装饰银镜
❹ 石膏板拓缝
❺ 印花壁纸
❻ 艺术墙砖
❼ 仿古砖

❶ 石膏板拓缝
❷ 印花壁纸
❸ 黑色烤漆玻璃
❹ 白枫木饰面板拓缝
❺ 有色乳胶漆
❻ 密度板拓缝
❼ 木质格栅

❶ 有色乳胶漆
❷ 白枫木饰面板
❸ 条纹壁纸
❹ 白色乳胶漆
❺ 印花壁纸
❻ 水曲柳饰面板

07

电视背景墙面整体用水泥砂浆找平，使用硅酸钙板在墙面按照设计图纸做出造型，整个墙面满刮腻子，用砂纸打磨光滑之后，使用环氧树脂胶将密度板粘贴固定，打造出密度板肌理造型。

❶ 密度板肌理造型
❷ 混纺地毯
❸ 印花壁纸
❹ 强化复合木地板
❺ 石膏板拓缝
❻ 木质踢脚线

按照设计图纸在电视背景墙面上弹线放样，用石膏板拓缝，剩余墙面用木工板做出石材的收边线条及凹凸造型，满刮腻子，用砂纸打磨光滑，刷基膜后贴壁纸。

❶ 米黄色网纹大理石
❷ 手绘墙饰
❸ 印花壁纸
❹ 石膏板拓缝
❺ 雕花银镜
❻ 木质格栅

❶ 雕花银镜
❷ 石膏板肌理造型
❸ 强化复合木地板
❹ 仿文化砖壁纸
❺ 黑胡桃木饰面板
❻ 木质踢脚线
❼ 装饰银镜

❶ 钢化玻璃立柱
❷ 石膏板
❸ 雕花黑色烤漆玻璃
❹ 米色洞石
❺ 装饰银镜
❻ 茶色镜面玻璃
❼ 米黄色洞石

❶ 印花壁纸
❷ 灰色烤漆玻璃
❸ 雕花烤漆玻璃
❹ 木纹大理石
❺ 木质窗棂造型
❻ 有色乳胶漆

❶ 车边银镜
❷ 条纹壁纸
❸ 桦木饰面板
❹ 木质装饰立柱
❺ 车边银镜
❻ 米黄色亚光玻化砖

09

在电视背景墙面上弹线放样，用干挂的方式把已经定制好的米色大理石固定在墙壁两侧，安装完毕后将剩余的墙面满刮三遍腻子，用砂纸打磨光滑，刷一层基膜，将印花壁纸贴上，安装踢脚线即可完成。

❶ 印花壁纸
❷ 米色大理石
❸ 雕花银镜
❹ 手绘墙饰
❺ 木质窗棂造型
❻ 实木地板

电视背景墙面使用木工板打底，两侧安装木质窗棂造型，墙面用硅酸钙板离缝拼贴，然后满刮三遍腻子，用砂纸打磨光滑，刷一遍底漆，两遍面漆，最后使用丙烯颜料将图案手绘到墙壁上。

❶ 深咖啡色网纹大理石
❷ 米色洞石
❸ 米黄色网纹玻化砖
❹ 白色乳胶漆
❺ 白色玻化砖
❻ 印花壁纸
❼ 手绘墙饰

❶ 陶瓷锦砖
❷ 印花壁纸
❸ 直纹斑马木饰面板
❹ 条纹壁纸
❺ 装饰银镜
❻ 强化复合木地板

❶ 木质装饰线
❷ 白色乳胶漆
❸ 肌理壁纸
❹ 有色乳胶漆
❺ 雕花茶镜
❻ 鹅卵石
❼ 米黄色亚光玻化砖

❶ 条纹壁纸
❷ 羊毛地毯
❸ 印花壁纸
❹ 强化复合木地板
❺ 木质创意搁板
❻ 石膏板

❶ 艺术墙贴
❷ 白枫木饰面板
❸ 混纺地毯
❹ 陶瓷锦砖
❺ 印花壁纸
❻ 石膏装饰线
❼ 有色乳胶漆

11

按照设计图纸在墙面上弹线放样，用点挂的方式把大理石背景固定在墙面上，安装完毕后填缝；周边墙面满刮腻子，打磨光滑后刷一层基膜，用黑色烤漆玻璃嵌入，收边用勾缝剂填缝。

❶ 黑色烤漆玻璃
❷ 密度板拓缝
❸ 木质搁板
❹ 米色亚光玻化砖
❺ 白枫木饰面板
❻ 米色玻化砖

12

电视背景墙面用水泥砂浆找平，在墙面满刮腻子，用砂纸打磨光滑，刷一层基膜后用环保白乳胶配合专业壁纸粉进行壁纸的粘贴，上下用白枫木饰面板，最后用收边线条进行收边。

❶ 艺术墙贴
❷ 红樱桃木饰面板
❸ 酒红色烤漆玻璃
❹ 文化砖
❺ 木质搁板
❻ 车边茶镜
❼ 印花壁纸

❶ 黑色烤漆玻璃
❷ 印花壁纸
❸ 艺术墙贴
❹ 车边茶镜
❺ 装饰银镜
❻ 强化复合木地板

❶ 印花壁纸
❷ 密度板拓缝
❸ 石膏板拓缝
❹ 装饰银镜
❺ 水曲柳饰面板
❻ 黑晶砂大理石
❼ 实木地板

❶ 白色乳胶漆
❷ 陶瓷锦砖
❸ 白色玻化砖
❹ 混纺地毯
❺ 印花壁纸
❻ 米黄色大理石
❼ 仿古壁纸

❶ 印花壁纸
❷ 黑色烤漆玻璃
❸ 白色乳胶漆
❹ 车边银镜
❺ 木质窗棂造型
❻ 仿古壁纸
❼ 有色乳胶漆

13

两侧用白枫木装饰立柱做出设计中的造型，中间部分在墙面满刮腻子，用砂纸打磨光滑，然后将印花壁纸贴在上面，最后将定制的通花板固定在墙面四周。

❶ 白枫木装饰立柱
❷ 印花壁纸
❸ 白枫木装饰线密排
❹ 羊毛地毯
❺ 白色乳胶漆
❻ 白色玻化砖

14

电视背景墙面用木工板做出设计图上的造型，剩余墙面满刮三遍腻子，用砂纸打磨光滑，用环保白乳胶漆将紫色壁纸贴于上方和下方，中间部分用白色乳胶漆填充，最后用勾缝剂填缝。

❶ 手绘墙饰
❷ 木质窗棂造型
❸ 白枫木饰面板
❹ 雕花烤漆玻璃
❺ 木纹大理石
❻ 仿洞石玻化砖

❶ 木质装饰线
❷ 米色亚光玻化砖
❸ 陶瓷锦砖
❹ 车边银镜
❺ 木质窗棂造型贴黑镜
❻ 条纹壁纸
❼ 木质搁板

❶ 艺术墙贴
❷ 有色乳胶漆
❸ 白色玻化砖
❹ 木质花格
❺ 车边茶镜
❻ 雕花烤漆玻璃
❼ 木质窗棂造型贴银镜

❶ 黑色烤漆玻璃
❷ 米色玻化砖
❸ 石膏板拓缝
❹ 手绘墙饰
❺ 装饰银镜
❻ 印花壁纸
❼ 羊毛地毯

❶ 木质装饰立柱
❷ 红色烤漆玻璃
❸ 石膏板拓缝
❹ 印花壁纸
❺ 木质花格贴银镜
❻ 木质花格
❼ 水曲柳饰面板

15

电视背景墙面用水泥砂浆找平，满刮腻子，用砂纸打磨光滑，刷底漆、面漆，将印花壁纸配合专业壁纸粉粘贴整个墙面，中间用玻璃胶将实木装饰线密排粘贴在墙面壁纸上。

❶ 印花壁纸
❷ 实木装饰线密排
❸ 密度板拓缝
❹ 白色玻化砖
❺ 艺术墙贴
❻ 混纺地毯

用木工板按设计图纸在墙面上做出电视柜和两侧凹凸的造型，贴装饰面板后刷油漆，剩余墙面满刮腻子，打磨光滑，刷一层基膜后，将艺术墙贴粘贴在墙壁上。

❶ 木纹大理石
❷ 黑色烤漆玻璃
❸ 雕花烤漆玻璃
❹ 木质搁板
❺ 石膏板拓缝
❻ 白枫木饰面板
❼ 印花壁纸

❶ 羊毛地毯
❷ 印花壁纸
❸ 布艺软包
❹ 白枫木饰面板拓缝
❺ 肌理壁纸
❻ 木质踢脚线

❶ 装饰灰镜
❷ 木质花格
❸ 石膏板肌理造型
❹ 雕花银镜
❺ 黑色烤漆玻璃
❻ 密度板树干造型
❼ 有色乳胶漆

❶ 印花壁纸
❷ 有色乳胶漆
❸ 水晶装饰珠帘
❹ 木质装饰线
❺ 艺术地毯
❻ 强化复合木地板

❶ 车边灰镜吊顶
❷ 皮革软包
❸ 羊毛地毯
❹ 白枫木饰面板
❺ 强化复合木地板
❻ 印花壁纸
❼ 条纹壁纸

17

整个沙发背景墙面用腻子满刮，然后用砂纸打磨光滑，刷一层底漆，两遍面漆，最后用有色乳胶漆均匀施工。按照设计图纸在墙面上弹线放样，固定上木质搁板。

❶ 有色乳胶漆
❷ 木质搁板
❸ 羊毛地毯
❹ 强化复合木地板
❺ 印花壁纸
❻ 仿古砖

18

在沙发背景墙面上弹线，用木工板配合设计图做出凹凸造型，完工后用勾缝剂填缝，剩余墙面满刮腻子，然后打磨光滑，再用环保白色乳胶配合专业壁纸粉将印花壁纸固定在墙面上。

❶ 木质花格
❷ 黑胡桃木饰面板
❸ 混纺地毯
❹ 条纹壁纸
❺ 黑色烤漆玻璃
❻ 艺术地毯

❶ 木质花格
❷ 艺术地毯
❸ 白色玻化砖
❹ 黑白根大理石装饰线
❺ 条纹壁纸
❻ 印花壁纸
❼ 木质装饰线

❶ 有色乳胶漆
❷ 羊毛地毯
❸ 木纹玻化砖
❹ 陶瓷锦砖
❺ 木质花格
❻ 木质装饰线
❼ 羊毛地毯

19

沙发背景墙用石灰墙面装饰，用石膏板干挂的方式固定在墙面上，安装完毕后用木工板收边，做出背景墙面上的凹凸线条造型，最后安装踢脚线。

❶ 石膏板
❷ 羊毛地毯
❸ 条纹壁纸
❹ 白色亚光玻化砖
❺ 装饰银镜
❻ 米色亚光玻化砖

沙发背景墙用水泥砂浆找平，在找平后的墙面上弹线，用环氧树脂工程胶将镜面粘贴固定在墙面上；最后，按照设计图纸将装饰画排列固定于墙面即可。

❶ 布艺软包
❷ 有色乳胶漆
❸ 装饰银镜
❹ 石膏板肌理造型
❺ 黑色烤漆玻璃
❻ 米黄色玻化砖

❶ 印花壁纸
❷ 混纺地毯
❸ 装饰银镜
❹ 白色亚光玻化砖
❺ 酒红色烤漆玻璃
❻ 布艺软包

❶ 木质装饰线
❷ 实木地板
❸ 木质搁板
❹ 雕花银镜
❺ 印花壁纸
❻ 木质装饰立柱
❼ 艺术地毯

21

电视背景墙面用水泥砂浆找平，整体墙面满刮三遍腻子，用砂纸打磨光滑后刷一层基膜，然后粘贴肌理壁纸，最后安装实木踢脚线。

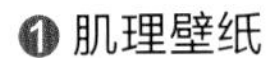

❶ 肌理壁纸
❷ 木质踢脚线
❸ 木质搁板
❹ 羊毛地毯
❺ 车边银镜吊顶
❻ 布艺软包
❼ 米色玻化砖

在找平的沙发背景墙面上弹线，用干挂的方式将布艺软包固定在墙面上，用专业的勾缝剂勾缝，将面料插入型材内时在边缝处略涂中性高密度玻璃胶。

❶ 艺术地毯
❷ 仿古砖
❸ 条纹壁纸
❹ 木质装饰立柱
❺ 白色乳胶漆
❻ 白色亚光玻化砖

❶ 有色乳胶漆
❷ 米色洞石
❸ 米色亚光玻化砖
❹ 泰柚木饰面板
❺ 雕花烤漆玻璃
❻ 混纺地毯
❼ 条纹壁纸

❶ 陶瓷锦砖
❷ 有色乳胶漆
❸ 木质踢脚线
❹ 装饰灰镜
❺ 印花壁纸
❻ 仿古砖
❼ 条纹壁纸

23

先将背景墙用水泥砂浆找平，然后在墙面上做弹线，用木工板做出凹凸造型，用专业的勾缝剂填缝，两侧墙面用木工板打底，用托压固定的方式将车边银镜固定在底板上。

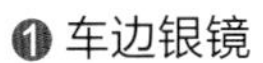

❶ 车边银镜
❷ 黑白根大理石波打线
❸ 水曲柳饰面板
❹ 羊毛地毯
❺ 石膏板拓缝
❻ 黑色烤漆玻璃

24

沙发背景墙面用木工板打底，用托压固定的方式将黑色烤漆玻璃固定在底板上，用硅酮密封胶密封，剩余墙面可以选用腻子满刮，然后用砂纸打磨光滑，刷底漆和面漆。

❶ 羊毛地毯
❷ 印花壁纸
❸ 艺术地砖拼花
❹ 灰色烤漆玻璃
❺ 皮纹砖
❻ 雕花清玻璃
❼ 米黄色玻化砖

❶ 白色乳胶漆
❷ 强化复合木地板
❸ 木纹壁纸
❹ 木质花格
❺ 车边银镜
❻ 车边银镜吊顶
❼ 条纹壁纸

❶ 印花壁纸
❷ 木质踢脚线
❸ 羊毛地毯
❹ 白色乳胶漆
❺ 有色乳胶漆
❻ 泰柚木饰面板
❼ 云纹大理石

餐厅墙

1. 黑色烤漆玻璃
2. 皮纹砖
3. 有色乳胶漆
4. 木质踢脚线
5. 车边茶镜
6. 印花壁纸
7. 木质踢脚线

❶ 木质踢脚线
❷ 印花壁纸
❸ 灰白色网纹玻化砖
❹ 水晶装饰珠帘
❺ 车边银镜
❻ 艺术地毯
❼ 仿古砖

25

将整个墙面满刮三遍腻子，用砂纸打磨光滑，刷底漆、面漆，然后用玻璃胶将茶色镜面玻璃固定在底板上，最后安装踢脚线。镜面上的框架用环保乳胶按个人意愿粘贴形状。

❶ 茶色镜面玻璃
❷ 木质踢脚线
❸ 白色乳胶漆
❹ 黑白根大理石踢脚线
❺ 石膏板拓缝
❻ 米黄色玻化砖

在餐厅背景墙面上弹线放样，按照设计图勾勒出纹路，在整个石膏墙面上满刮三遍腻子，墙面用木工板做出条纹状造型，最后安装踢脚线。

❶ 白色乳胶漆
❷ 木质窗棂造型贴银镜
❸ 雕花烤漆玻璃
❹ 车边银镜
❺ 木纹玻化砖
❻ 茶色镜面玻璃

1 条纹壁纸
2 米黄色大理石
3 有色乳胶漆
4 陶瓷锦砖
5 爵士白大理石
6 车边黑镜
7 米黄色网纹玻化砖

❶ 木纹壁纸
❷ 强化复合木地板
❸ 雕花灰镜
❹ 陶瓷锦砖拼花
❺ 印花壁纸
❻ 车边灰镜

用水泥砂浆找平餐厅背景墙面，在墙面满刮三遍腻子，用砂纸打磨光滑，刷一层基膜后贴上印花壁纸，用玻璃胶将收边条固定在底板上。

❶ 印花壁纸
❷ 深咖啡色网纹大理石波打线
❸ 木质花格
❹ 水曲柳饰面板
❺ 艺术墙贴
❻ 肌理壁纸

餐厅背景墙面用水泥砂浆找平，用木工板按照设计图纸做出凹凸造型以及精品柜，贴上装饰面板后刷油漆，剩余墙面满刮三遍腻子，用砂纸打磨光滑，刷底漆，采用专业壁纸粉辅助粘贴肌理壁纸，并用玻璃胶固定住艺术墙贴。

❶ 木质搁板
❷ 有色乳胶漆
❸ 木质踢脚线
❹ 木质装饰假梁
❺ 泰柚木饰面板
❻ 雕花银镜
❼ 陶瓷锦砖

❶ 印花壁纸
❷ 车边银镜
❸ 陶瓷锦砖
❹ 木质搁板
❺ 有色乳胶漆
❻ 云纹大理石

❶ 车边银镜
❷ 灰白色网纹玻化砖
❸ 木质窗棂造型
❹ 木质踢脚线
❺ 仿古砖
❻ 茶色烤漆玻璃
❼ 黑色烤漆玻璃

29

将背景墙面用水泥砂浆找平，按照设计图在背景墙面上弹线放样，满刮腻子直至面匀，用砂纸打磨光滑后，用玻璃胶固定住冰裂纹玻璃在底板上。

❶ 冰裂纹玻璃
❷ 强化复合木地板
❸ 印花壁纸
❹ 白色玻化砖
❺ 有色乳胶漆
❻ 木质装饰线

按照设计图样用木工板在墙面上做出弧形造型及壁纸收边线条，外围刷有色乳胶漆，中心墙面满刮三层腻子，用砂纸打磨光滑，刷底漆、面漆，上一层基膜，然后配合专业壁纸粉将印花壁纸和木质装饰线固定在墙面上。

❶ 文化砖
❷ 印花壁纸
❸ 仿古砖
❹ 木质窗棂造型吊顶
❺ 条纹壁纸
❻ 木质踢脚线

31

将餐厅背景墙面用木工板做出弧形凹凸造型，整个墙面满刮三层腻子，用砂纸打磨光滑，用环保白乳胶配合专业壁纸粉将条纹壁纸固定在墙面上，凸出来的木工板刷白色面漆。

1. 松木板吊顶
2. 条纹壁纸
3. 仿古砖
4. 深咖啡色网纹大理石
5. 木质踢脚线
6. 车边银镜

32

在餐厅背景墙面上用木工板打底，做出镜面的基层及壁纸的收边线，墙面满刮腻子，用砂纸打磨光滑，刷一层基膜后用环保白乳胶将暗黄色壁纸粘贴固定在墙面上，用环氧树脂胶将车边银镜粘贴固定在底板中心处。

❶ 艺术墙贴
❷ 密度板拓缝
❸ 印花壁纸
❹ 爵士白大理石
❺ 白色乳胶漆
❻ 黑色烤漆玻璃
❼ 泰柚木饰面板

卧室墙

❶ 印花壁纸
❷ 有色乳胶漆
❸ 布艺软包
❹ 印花壁纸
❺ 艺术地毯
❻ 强化复合木地板

❶ 皮革软包
❷ 印花壁纸
❸ 强化复合木地板
❹ 茶色镜面玻璃
❺ 条纹壁纸
❻ 木质踢脚线

33

在卧室背景墙面上，一面将相同规格的黑色烤漆玻璃用湿贴的方式固定在墙面上，粘贴完毕后用勾缝剂填缝，另一面在缝隙处用玻璃胶将压白钢条粘贴在底板上。

❶ 黑色烤漆玻璃
❷ 压白钢条
❸ 条纹壁纸
❹ 强化复合木地板
❺ 印花壁纸
❻ 木质踢脚线

34

用木工板在卧室的背景墙面上做出凹凸造型，整个墙面满刮三遍腻子，用砂纸打磨光滑，刷一层基膜后贴上印花壁纸。中间木工板的立体造型则根据个人需求装饰。

❶ 木质装饰线
❷ 强化复合木地板
❸ 艺术地毯
❹ 雕花银镜
❺ 印花壁纸
❻ 装饰硬包
❼ 车边银镜

① 条纹壁纸
② 实木地板
③ 印花壁纸
④ 木质花格
⑤ 皮革软包
⑥ 羊毛地毯

❶ 印花壁纸
❷ 实木地板
❸ 泰柚木饰面板吊顶
❹ 条纹壁纸
❺ 木质格栅
❻ 皮革软包
❼ 羊毛地毯

35

背景墙面用米色布艺及水泥砂浆将墙面布置成设计图纸上的方格造型，剩余墙面两侧用木工板做出凹凸造型，满刮三遍腻子，打磨光滑，刷底漆、面漆，用玻璃胶将雕花烤漆玻璃固定在底板上。

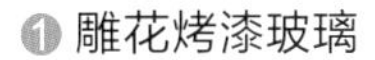

1. 雕花烤漆玻璃
2. 强化复合木地板
3. 有色乳胶漆
4. 羊毛地毯
5. 布艺软包
6. 茶色镜面玻璃
7. 艺术地毯

36

背景墙用水泥砂浆找平，然后按设计图纸将布艺软包固定在墙面上，四周用收边条固定；侧面将找平的墙面刮平上漆之后，用环氧树脂胶将茶色镜面玻璃粘贴上。

❶ 密度板拓缝
❷ 有色乳胶漆
❸ 木质踢脚线
❹ 印花壁纸
❺ 雕花银镜
❻ 布艺软包
❼ 车边银镜

❶ 灰色烤漆玻璃
❷ 羊毛地毯
❸ 印花壁纸
❹ 仿古砖
❺ 肌理壁纸

❶ 布艺软包
❷ 印花壁纸
❸ 装饰银镜
❹ 实木地板
❺ 石膏顶角线
❻ 木质踢脚线

背景墙用木工板做出立体造型，满刮腻子，用砂纸打磨光滑，刷一遍底漆、两遍面漆，最后上一层基膜，中间部分把深咖啡色条纹壁纸用专业壁纸粉固定住，两侧用同样的方式将印花壁纸固定住。

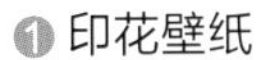

❶ 印花壁纸
❷ 实木地板
❸ 雕花银镜
❹ 皮革软包
❺ 车边银镜
❻ 强化复合木地板

卧室背景墙面用水泥砂浆找平，用木工板在墙面上做出层架的造型，用水曲柳贴面板饰面，刷油漆；临床部分按照设计图纸，将墙面找平后，用木工板做底板，再用蚊钉将软包固定在底板上，最后用玻璃胶将车边银镜固定住。

1 印花壁纸
2 装饰硬包
3 强化复合木地板
4 混纺地毯
5 绯红色亚光玻化砖
6 肌理壁纸

❶ 印花壁纸
❷ 皮纹砖
❸ 白色乳胶漆
❹ 混纺地毯
❺ 木质踢脚线
❻ 艺术地毯

39

卧室背景墙面用水泥砂浆找平，在墙面上弹线放样，用木工板打底并做出收边线条，中间用布艺软包，周围处用爵士白大理石固定，在两侧用玻璃胶将车边灰镜固定在底板上。

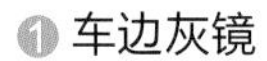

❶ 车边灰镜
❷ 爵士白大理石
❸ 印花壁纸
❹ 强化复合木地板
❺ 石膏顶角线
❻ 艺术地毯

40

卧室背景墙用木工板做出中间凸起状的对称造型，整个墙面满刮三遍腻子，用砂纸打磨光滑，刷底漆、面漆，用环保白乳胶配合专业壁纸粉将印花壁纸固定在墙面上，最后固定顶部石膏顶角线。